自然に学ぶくらし

① 自然の生き物から学ぶ

石田秀輝／監修

さ・え・ら書房

目次

1章 生き物から学ぶテクノロジー … 4

自然の中のおどろきのテクノロジー … 4
生き物の形に学ぶ … 6
生き物のさまざまな形 … 8
生き物のしくみに学ぶ … 10
こんなにすごい！ 自然のしくみ … 12
生き物がつくったものを利用する … 14
コラム 昔からある生き物の利用 … 16

2章 くらしに生かす生き物のテクノロジー … 18

環境に生かす

エアコンなしでも年中快適！ … 18
風が弱くてもだいじょうぶ！ … 22
よごれをよせつけない！ … 24
色がないのに美しくかがやく！ … 26
化石燃料にたよらずエネルギーを得る！ … 28
植物の力で雑草・害虫退治！ … 30
植物で土や空気をきれいにする！ … 32
流さなくてもよいトイレ！ … 34

くらしに生かす
- 自然の力でくっつける！ ……………… 36
- でこぼこで水をはじく！ ……………… 38

医療に生かす
- 針をさしてもいたくない！ …………… 40

乗り物に生かす
- 鳥に学んで騒音をふせぐ！ …………… 42

- ネイチャー・テクノロジーがつくる未来 …………… 44
- **もっと自然の生き物から学ぶためのブックガイド** …… 46
- さくいん ……………………………………… 47

はじめに

　今、地球環境問題は私たちの生活に大きな影響をあたえ始めました。私たちが、大量の地下資源や石油を使って快適性や利便性を追い求めた結果です。このままでは、次の世代だけでなく今の文明さえも危うい状況なのです。では、どうやってこの問題を解決すればよいのでしょうか？　がまんすることなく心豊かにくらせる社会をつくれるのでしょうか？　そのためには自然のドアをノックしてみる必要がありそうです。

　自然の中には生きるための知恵がいっぱいつまっています。たとえば、木の実や種子を遠くに運ぶために、種に小さなかぎをつけて通りすがりの動物の毛にからみついたり、パラシュートのような綿毛を広げ風にのったり、風があまり吹かないジャングルの中ではグライダーのように自分で遠くへ飛んでゆくものもあります。動物に食べられることによって運ばれたり、海の上をぷかぷかとうかんで移動するものなど、生きるための工夫に満ちています。

　もっとすごいのは、自然の中にはごみがないことです。たとえば、木々が実をつけるとそれを鳥たちが食べ、そのふんが土を豊かにし木々を元気に大きく育てます。そして、そのためのエネルギーは、おもには太陽のエネルギーだけです。自然の中ではすべてがつながっているのです。地球ができて46億年、生命が誕生して38億年、その歴史の中でいろいろな工夫がくり返され、このようなすばらしいしくみが生まれたのです。

　どうやら、自然に学びそれをいかすことで、人と地球を考えたあたらしいくらし方やそれに必要なテクノロジーも見えてきそうです。それが、ネイチャー・テクノロジーです。

　　　　　　　　　　　　　　　　　　　　　　　　　　　石田秀輝

1章 生き物から学ぶテクノロジー

地球上のさまざまな生き物は人間には想像もつかない、すごい能力をもっています。
私たちは、そのような生き物たちから何を学び、どのように生かすことができるでしょうか。

自然の中のおどろきのテクノロジー

みなさんは、自分の身のまわりにいる生き物がどんなにすごいか、考えてみたことはあるでしょうか。
少し考えてみると、おどろくことがたくさんあるはずです。

アリの巣って、どうして雨がふっても水びたしにならないのかな？

ザリガニが脱皮するとき、あんなにかたそうな殻をどうやったらぬげるの？

バッタって、すごいな！ 自分のからだの何倍もの高さをジャンプしちゃうんだもん！

すごい生き物がたくさん！

　自然にくらす生き物どうしはおたがいに「食べる、食べられる」という関係の中で生きています。そして、その中で生き残り、少しでも多くの子孫を残していかなければなりません。そのため、多くの生き物は食べ物を手に入れたり、敵から身を守ったりするための、おどろくような能力を身につけています。

　ほかにも自然界の生き物たちは、太陽光のエネルギーをもとに活動し、自分たちのすむ環境をごみでよごさずに生きるという能力ももっています。

　私たち人間は今、地球に起きているさまざまな問題に直面しています。生き物たちのすごい能力に学び、テクノロジーとして生かしていけば、そうした問題を解決することができるかもしれません。

生き物の形に学ぶ

私たちが生き物から学ぶとき、生き物のどんなところから学んだらよいでしょうか。そのひとつが、生き物がもつ形です。形からどんなことを学ぶことができるのでしょうか。

くらしに役立つさまざまな形

　私たち人間は、生きていくために必要なさまざまなものを、自分たちの手でつくってきました。たとえば、空を飛ぶために飛行機を発明したり、じょうぶな家をつくるために鉄筋コンクリートを発明したりしました。

　しかし、ほかの生き物にはそのようなものをつくる工業技術はありません。そのかわり、空を飛ぶためにつばさをもったり、じょうぶな巣をつくるために形に工夫をこらしたりすることで、生きるための競争を勝ちぬき、生き残ってきました。こうした、自然の中にある形には、私たちのくらしに役立つ多くのヒントがかくされています。

❗ 昆虫の巣の形

ハチの巣は、「ハニカム構造」とよばれる、六角形がたくさん並んだつくりをもつ。ハニカム構造はおされる力に対してとても強いうえ、同じ強さをもつつくりのなかでは、もっとも材料が少なくてすむ。

ハニカムパネル
2枚の板の間に、ハチの巣（写真右）をまねた六角形をならべたつくりをもつパネル。強さと軽さをあわせもち、飛行機のつばさにも利用されている。

自然の中には、びっくりするような形がたくさんあるよ！

！ 昆虫の羽の折りたたみ方

コガネムシのなかまなどの昆虫の羽は、ふだんは小さくたたまれているが、飛ぶときには一瞬で大きく開くことができる。

折りたたみ式の地図
昆虫の羽ににた折りたたみ方で、小さくたためて、一瞬で広げられる。

！ 植物の実の形

ゴボウの実の表面は、たくさんのとげにおおわれている。とげの先は折れ曲がってかぎのようになっていて、動物の毛や服などにとてもくっつきやすい。ゴボウは、自分で移動することができないかわりに、このかぎで動物や人間に実をくっつけ、遠くまで運んでもらうことで、すむ場所を広げている。

面ファスナー
ゴボウの実ににたかぎがならんだ面と、たくさんの小さな輪がならんだ面とを組み合わせた留め具。

とげにおおわれたゴボウの実。

生き物のさまざまな形

私たちにさまざまなテクノロジーのヒントをあたえてくれる、生き物の形。その形が生み出された理由には、何十億年という気が遠くなるほど長い、生き物の歴史がかかわっています。

すべての形には意味がある

数十億年前に誕生した、地球で最初の生命は、ひとつの細胞からなる小さな生き物にすぎませんでした。それから、生き物は長い年月をかけて少しずつ変化し、さまざまな種に分かれながら、それぞれ特徴のある姿や形を身につけてきました。このような、長い時間をかけて起こった生き物の変化を「進化」といいます。

現在、地球には森や海など、さまざまな環境があり、それぞれの環境のもとで数えきれないほどの種の生き物が、おたがいにバランスを保ちながら豊かにくらしています。このような生き物の多様性（さまざまな種類があること）は、進化によって生み出されてきました。今、地球上にくらしている生き物の姿や形は、それぞれの環境で生き残るためのものであり、すべてに意味があるのです。

●さまざまな環境にさまざまな生き物がくらしている●

私たちの身近にある環境だけをとってみても、そこには実に多くの、姿や形のちがう生き物がくらしています。

●さまざまな生態系

ある環境と、そこにくらす生き物とのすべてのつながりを、生態系という。山、海、森林、里山など、それぞれの場所にそれぞれの生態系がある。

> 地球上には、砂漠や南極大陸といった厳しい環境もあるけれど、そういった場所にも、独自の生態系があるよ。

環境に合わせて変わる形

生き物は環境に合わせて進化するという考えは、チャールズ・ダーウィンという科学者によってとなえられました。ダーウィンは、南アメリカのガラパゴス諸島を訪れたとき、ある鳥のなかまのくちばしの形が種によってちがうことに気づきました。この発見が、彼が進化のなぞを解くきっかけになったといわれており、これらの鳥はのちにダーウィンフィンチと名づけられました。今では、もともとひとつの種だったダーウィンフィンチが、環境や食べ物に合わせて変化し、ことなる種に進化したことがわかっています。

ダーウィンフィンチのなかま

オオガラパゴスフィンチ
くちばしが非常に太い。大きくかたい種子や昆虫などを食べる。

ガラパゴスフィンチ
くちばしがやや太い。種子や小さな昆虫などを食べる。

コダーウィンフィンチ
くちばしが小さい。おもに昆虫などを食べる。

ムシクイフィンチ
くちばしが小さく、細い。小さな昆虫などを食べる。

さまざまな種

ひとつの生態系の中に、植物、動物、昆虫、微生物など、多くの種類の生き物がともにくらしている。

森林の生態系をつくる生き物たちは、「食べる・食べられる」という関係を中心に、かかわり合って生きている。

さまざまな遺伝子

同じ種の中でも、それぞれの生き物はことなる遺伝子をもっていて、形、色、大きさなどがちがっている。

同じ「テントウムシ科」でも、からだのもようや大きさなどは、それぞれちがっている。

生き物のしくみに学ぶ

生き物のすぐれた能力は、姿や形だけでなく、体のしくみにも、見つけることができます。私たちは、そうした生き物のしくみからも、多くを学ぶことができます。

人間の体にはないすぐれたしくみ

生き物の中には、人間にはけっしてまねすることのできない、すぐれた体のしくみをもつものがいます。

たとえば植物は、太陽光のエネルギーを使って、水と二酸化炭素から生きるための栄養分をつくることができます。

また、水の中で呼吸をすることができる魚のえらや、植物の繊維を消化することができる草食動物の消化器官なども、人間の体にはないしくみの例といえるでしょう。

生き物の体の中にかくされた、さまざまなすぐれたしくみを、テクノロジーとして利用する研究が世界中で進められています。

❗ 体の中でつくる電気

南アメリカのアマゾン川などにすむデンキウナギは、体の中に電気を生み出す細胞をたくさんもっている。そして、その電気を、えさをとったり敵から身を守ったりするのに使う。

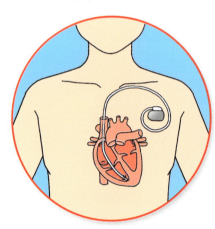

電気をつくる人工細胞

デンキウナギのような電気を生み出す人工の細胞ができれば、医療の分野で役立つ。たとえば、図のようなペースメーカー（体内にうめこみ、電気の刺激で心臓の動きを助ける装置）の電源として使うことで、電池交換のために手術をする必要がなくなる。

電気が発生するしくみ

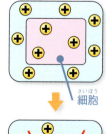
細胞
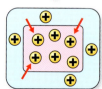

動物の体の中では、細胞をつつむまくにへだてられて、細胞の外側と内側にそれぞれ電気をおびたつぶがあり、バランスを保っている。デンキウナギの電気を生み出す細胞では、興奮するとまくの性質が変化し、細胞の外にあったつぶが内側に入ってきて、内側のほうが電圧が高い状態になる。これによって、電気を発生させることができる。

自然の中の快適な「ゆらぎ」

水の流れる音や生き物の鳴き声、ホタルの光といった自然の音や光には、人工的な強弱とはことなる独特の「ゆらぎ」がある。こうしたゆらぎは、人間の脈拍などにも見られ、私たちの心を落ち着ける効果をもつといわれている。

自然の中にあるゆらぎを波の形であらわした例。このようなゆらぎが生まれる理由は、まだよくわかっていない。

より快適な扇風機

風の強さが、自然の中のゆらぎと同じように変化する扇風機。自然の風に近い、快適な風を生み出すことができる。

このようなしくみを利用することで、くらしはどのように変わっていくのかな？

光からつくるエネルギー

植物は、葉やくきの細胞の中にある葉緑体で、太陽の光を使って栄養分をつくり出す（光合成）。これは人間はもちろん、動物の体ではできないことで、植物だけが太陽光のエネルギーをたくわえることができる。

エネルギーをつくるしくみ

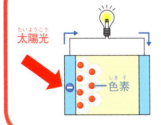

透明なガラスの内側の色素が、太陽の光を受けるとマイナスの電気のつぶを放出する。この電気のつぶが移動することで、電気が流れる。

効率のよい太陽光パネル

植物の光合成では、葉緑体の中の葉緑素という緑色の色素が大きな役割をもつ。同じように色素を利用した太陽光パネルは、現在よく使われているものよりも安くつくれ、弱い光でも電気をつくれると考えられている。

エネルギーをつくるしくみ

葉緑体の中の葉緑素は、太陽の光を受けるとマイナスの電気のつぶを放出する。この電気のエネルギーが二酸化炭素から栄養分をつくるのに使われる。

こんなにすごい！ 自然のしくみ

自然がもっているしくみは、私たち人間の生活のしくみとは大きくことなります。しかし、自然のしくみのすごさに学ぶことは、私たちにとって、とても大きな意味をもっています。

自然の中にごみはない

　地球上の植物は、太陽光のエネルギーを利用して光合成をおこない、栄養分をつくり出しています。いっぽう動物は、自分で栄養分をつくることができません。そのため、植物を食べたり、植物を食べたほかの動物を食べたりすることで、栄養分をとり入れています。つまり、地球上のすべての生き物はもとをたどれば、太陽光のエネルギーのおかげで生きていることになります。

　また、枯れた植物や動物の死がい、ふんなどは、微生物などの力で二酸化炭素や植物の体の材料となる元素に分解されます。これらは、再び植物が栄養分をつくるときの材料となるので、自然界ではごみが出ることがありません。

　自然界では、半永久的にもたらされる太陽光のエネルギーと、物質の完全な循環によって、いつまでもとぎれることのない、持続可能なしくみができあがっているのです。

● 生き物の循環

光合成によって太陽光の栄養分をたくわえた植物から、動物がエネルギーをもらう。動植物のふんや死がいは、微生物などの力で分解され、植物が成長するための材料となる。

植物は、葉の中にある葉緑体で、太陽光のエネルギーを利用して水と二酸化炭素から栄養分をつくる。また、土にふくまれる元素を吸収して、体をつくる材料をとり入れる。

雑食動物や肉食動物は、ほかの動物や植物から栄養分をもらう。

樹液を食べる。

人間は作物や家畜を食べることで、生きるための栄養分を得ている。

草食動物は、植物から栄養分をもらう。

動物や植物が死ぬと、微生物によって二酸化炭素や植物の体の材料となる元素に分解される。

●自然界のおもな循環●

植物や動物、水、大気、土などを通じて、すべての物質が循環しています。循環の原動力は、太陽光のエネルギーです。

太陽光のエネルギー

●水の循環

水は太陽光のエネルギーによって温められると、水蒸気となって蒸発し上空へのぼる。上空で冷やされた水蒸気は、雨や雪となって地上にもどってくる。

上空にのぼった水蒸気は、冷やされて雲となる。

雨や雪となって、地上に降りそそぐ。

太陽光のエネルギーによって、海や川、森などから水が蒸発する。

降りそそいだ雨は大地をうるおし、川や湖をつくる。

川は海に流れこむ。

生き物がつくったものを利用する

人間は、生き物からテクノロジーを学ぶだけでなく、生き物がつくったものを自分たちの生活に役立ててきました。

人間にはつくれないものをつくる生き物

多くの生物は長い進化の歴史の中で、自分の身を守ったり、食べ物を得たりするために、さまざまな物質をつくる能力を身につけてきました。それらの物質の中には、人間にはつくることはできないものがたくさんあり、私たちはそれを生活に役立ててきました。

たとえば、昔から健康のために利用されてきた薬草や、微生物の力を利用してつくるお酒などが、その代表的な例です。そのほかにも、私たちの生活の中では、生き物がつくった物質が大活躍しています。

！ 微生物を利用する

自然の中にいる微生物は、私たちの害になることがあるいっぽうで、役立つものも多い。たとえば、パンなどを放っておくと表面に青いカビ（アオカビ）が生えて、食べられなくなることがある。ところがあるとき、このカビが、病気を引き起こす細菌の成長をじゃまするはたらきをもつ物質をつくることがわかった。この物質はペニシリンと名づけられ、やがて抗生物質として広く利用されるようになった。

カビがつくる薬

世界初の抗生物質であるペニシリンは、今から100年ほど前、実験中にぐうぜん発見された。現在では、微生物がつくる抗生物質は100種類以上が使われるようになっている。

病原菌の入った容器にペニシリンをふくませた紙を置くと、そのまわりだけ病原菌が育たない。

！ 樹皮を利用する

セイヨウイチイという木の樹皮には消毒作用などがあり、昔から薬として利用されてきた。1960年代、この樹皮の成分に白血病細胞をやっつける作用があることが発見され、そこからタキソールという抗がん剤がつくられた。おもに乳がんや子宮がんの治療に使われている。

セイヨウイチイがもつ、植物アルカロイドとよばれる有毒な成分が、抗がん剤に利用される。

❗ クモの糸を利用する

クモの糸はよくのびるうえ、引っぱる力に対して非常に強く、同じ太さの鋼鉄の約5倍の強さをもつ。そこで最近では、クモの糸をつくる遺伝子をカイコに組みこんで、じょうぶな繊維をつくる研究や、人工的にクモの糸をつくる研究なども進んでいる。

スパイダーシルク
クモの糸をつくる遺伝子を組みこんだカイコから生み出された繊維。クモの糸は大量につくることは難しいが、カイコを利用することで、それができるようにした。

❗ 植物が出すにおいを利用する

キャベツなどのアブラナ科の植物は、害虫であるチョウやガの幼虫に葉を食べられると、特別なにおい物質を出す。すると、このにおいにつられて、チョウやガの幼虫の天敵であるハチがやってきて退治してくれる。このにおい物質をキャベツ畑にまくことで、チョウやガの幼虫による害をふせぐ研究がおこなわれている。

害虫から野菜を守る薬
キャベツが出すにおい物質の成分を利用した薬。ガの幼虫の天敵であるハチをよびよせることで、アブラナ科の野菜の害をへらすことが期待される。

アブラナ科の害虫であるコナガ。

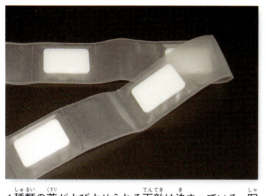

1種類の薬がよびよせられる天敵は決まっている。写真は、コナガの天敵であるコナガサムライコマユバチをよびよせるもの。

作物を育てているビニールハウスなどに設置して利用することが考えられている。

昔からある生き物の利用

微生物で食べ物をおいしくする

動物や植物は、昔から私たち人間の大切な食べ物だった。そのまま食べるだけでなく、菌類を利用して食べ物を食べやすくしたり、おいしくしたりした。これらは発酵食品とよばれ、酵母菌によるお酒や、ナットウ菌による納豆、乳酸菌によるヨーグルトなどがある。

ヨーグルトなどの発酵に利用される乳酸菌は200種類以上が知られ、なかには人間の腸を健康に保つはたらきをするものもある。写真はビフィズス菌ＳＰ株。

ワタから木綿をつくる

肌着などの素材としてよく使われる木綿（コットン）は、ワタという植物の種子からとれる繊維からつくられる。じょうぶで吸水性が高いのが特徴で、非常に古くから私たち人間にとって重要な植物だった。

ワタの種子についた繊維のようすは、白い花のように見えることから、綿花ともいわれる。

生き物が集めたものを食べる

ミツバチは、花のみつを集めて加工し、巣にためる。人間はこのみつをとり、食べ物として利用してきた。花のみつは、人間には大量に集めるのは難しいが、ミツバチの力を借りることでハチミツを食べることができる。

ハチミツをとるためにミツバチを飼うことを「養蜂」という。木の枠を設置してミツバチに巣をつくらせ、集まったみつをとる。

納豆　みそ　つけ物　ヨーグルト　しょうゆ

私たち人間は大昔から、生き物や、生き物がつくり出した物質を、さまざまな目的に利用してきました。私たちのくらしは、生き物を利用することによって支えられてきたのです。このような人間とほかの生き物の関係は、ネイチャーテクノロジーの先がけともいえるでしょう。

カイコから絹をつくる

クワコというガの幼虫は、さなぎになるときに糸をはき、その糸でまゆをつくる。この糸は非常にじょうぶでしなやかなため、古代中国で糸をとるために品種改良され、カイコガが生み出されたといわれる。以来、カイコガの幼虫（カイコ）がはく糸は、絹糸として服などに利用されてきた。

糸をとったあとの死んださなぎは家畜の飼料にされたほか、つくだ煮などにして食べられていた。

カイコは、2、3日にわたって糸をはき続け、まゆをつくる。

植物から紙をつくる

植物の体は、とても細い繊維が集まってできている。たたいたり煮たりすることでこの繊維をとり出せる。とり出した繊維を水にまぜてすくと、繊維どうしがからまり合って紙ができる。

水にまぜた繊維をすき、乾燥させると紙ができあがる。

2章 くらしに生かす生き物のテクノロジー

自然に学ぶことで生み出されるネイチャー・テクノロジーは、私たちのくらしのさまざまな場面で役に立ちます。どんな生き物の能力をどんなところに生かすことができるか、見てみましょう。

環境に生かす エアコンなしでも年中快適！

私たちは、暑いときや寒いときには、エアコンなどの器具を使って室内の温度を調節します。しかし、自然の生き物のすみかにはエアコンはなく、かわりに、それぞれの環境に合った工夫があります。

空気の流れで温度を調節

アフリカやオーストラリアにすむシロアリのなかには、季節によって昼間は50度近くになり、夜には0度近くまで気温が下がる、厳しい環境のなかで生きているものがいます。ところが、このシロアリが土や自分のだ液などをまぜてつくる巣（シロアリ塚）の中は、外が暑いときも寒いときも、つねに一定の温度に保たれています。これは上部の穴から巣の中のあたたかい空気がぬけ、地下にあけた穴から冷たい空気が流れこむためです。

このしくみを利用して、エアコンを使わなくても快適な温度を保て、エネルギー消費をおさえられる建物がつくられるようになっています。

空気の流れで一定の温度を保つ

巣の中は、風が通るようになっています。昼間、あたためられた巣の中の空気は上にあいた穴から外に出ていき、かわりに下からすずしい地下の空気が送りこまれます。地下の空気は、温度が一定なので、気温が低い夜には巣の中の温度が下がるのをふせいでくれます。このようなしくみで、巣の中はつねに約30度に保たれています。

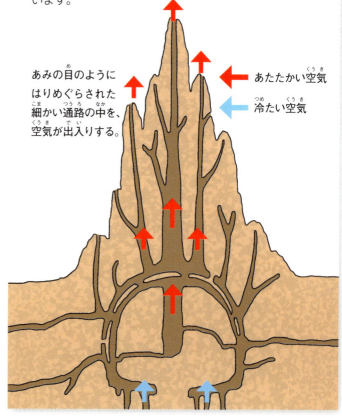

あみの目のようにはりめぐらされた細かい通路の中を、空気が出入りする。

← あたたかい空気
← 冷たい空気

温度を一定に保てる巣

シロアリ塚は、大きなものだと高さ5メートルをこえることもある。

テクノロジー① 自然の力で空気を入れかえ

自然の力で空気を入れかえる地下鉄駅

東京の東急東横線渋谷駅では、地下の駅から外までつながる吹きぬけをもうけて空気の通り道にし、自然の力を利用して空気の入れかえと空調をおこなうしくみを採用している。

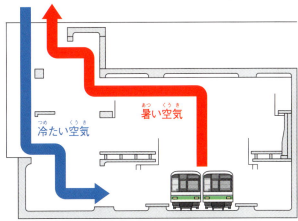

地下を走る列車の冷房によって出た熱は、吹きぬけを通って外へ出ていき、かわりに冷たい空気が入ってくる。

テクノロジー② 地中の熱を利用する

地中の熱による空調

地下10メートルより深い地中は、地上よりも温度変化が少なく、つねに10〜15度に保たれている。そのため、地中にパイプを設置し、外からとり入れた空気をパイプに通してから家の中に入れることで、夏は涼しく、冬はあたたかくすごすことができる。

夏は、外の空気は地中より温度が高いため、地中のパイプを通る間に冷やされる。冬は、その逆となる。

湿度は壁が調節

シロアリ塚の中がからからにかわいてたり、じめじめとしめっていたりすると、シロアリにとってはすみにくくなります。シロアリ塚の壁には、巣の中の湿度を一定に保つしくみがそなわっています。

シロアリは、土にだ液とふんをまぜてつくっただんごのようなものを積み上げて、シロアリ塚をつくります。そのため、壁には小さなすき間がたくさんあります。また土だんご自体にも、小さな穴がたくさんあります。このすき間や穴が、空気中の水分を吸収したり放出したりするので、シロアリ塚の中はつねに一定の湿度に保たれています。

私たちが住む家の壁にも、同じように湿度を調節するはたらきをもつ材料が使われることが多くなっています。

小さなすき間が水分を出し入れ

シロアリ塚の中の湿度が一定に保たれるひみつは、その壁のつくりにあります。

土だんごはアーチ状に積み重ねられていて、すき間を空気や水分が通ることができる。

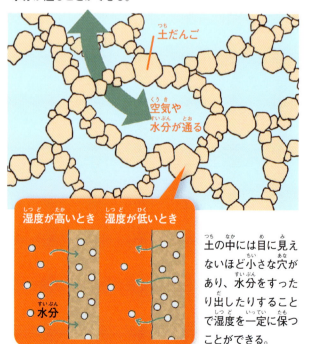

土の中には目に見えないほど小さな穴があり、水分をすったり出したりすることで湿度を一定に保つことができる。

水分を出し入れする壁

巨大なシロアリ塚も、小さな土だんごをひとつひとつ積み重ねることでつくられている。

テクノロジー① 小さな穴で部屋の湿度を調節

珪藻土

珪藻土は、珪藻というプランクトンの化石からできた土で、シロアリ塚の壁と同じように表面に目に見えないほど小さな穴がたくさんあいている。

珪藻土を顕微鏡で見ると、無数の穴があいているのがわかる（写真上）。室内のかべにぬることで、シロアリ塚と同じはたらきをする。

多孔質セラミックス

セラミックスとは、粘土などを焼いてかためた素材。100万分の1ミリメートルほどのごく小さな穴があいた素材を焼きかためることで、珪藻土以上によく水分を吸着・放出する。建材や保存容器などに利用されている。

多孔質セラミックスの壁は、湿度を調節するはたらきが珪藻土にくらべて5～6倍強いとされる。

湿度を調節する日本の家

湿度が高い日本の気候で快適にくらすために、日本人は自然の素材を利用し、四季を通じて快適にすごすことができる家をつくっていました。日本の伝統的な家は、おもに木と土でつくられています。木材の表面には、シロアリ塚のかべと同じように小さな穴がたくさんあいています。そのため、木の柱やかべには、室内の湿度を一定に保つはたらきがあります。これは、土のかべも同じです。

木の柱と、土をぬったかべが、日本の伝統的な家のつくり。

自然の力を発見しよう 植物の力で気温を下げる

夏に、木のたくさんあるところに入ると、すずしく感じませんか？ これは、木が日ざしをさえぎるとともに、葉から水分が蒸発するときにまわりの空気から熱をうばうためです。植物のもつこの力を利用すれば、建物の中の温度を下げることもできます。そのため、建物のまわりに植物をはわせる「緑のカーテン」や、建物の屋上で植物を育てる「屋上緑化」などが広くおこなわれるようになっています。町の中には、この性質を利用したものがたくさんあるので、さがしてみましょう。

「緑のカーテン」づくりは、学校でもよくおこなわれている。

環境に生かす 風が弱くてもだいじょうぶ！

トンボの羽は、かすかな風でも上手に空気をとらえることができる形になっています。その羽の形を研究して、弱い風でも回る風力発電の羽が考え出されました。

どんな風でも自由に飛べる

トンボは、空中を飛び回りながら、チョウやハエなどをとらえて食べます。えものをとらえるためには、相手よりも上手に飛ばなければなりません。そのため、トンボはすぐれた飛行技術を身につけています。羽ばたきの回数は1秒間におよそ20回で、種類によっては、時速100キロメートルものスピードで飛ぶこともできます。ホバリング（空中での停止）や瞬間的な方向転換なども得意です。

また、トンボは羽の表面にあるでこぼこによって、弱い風も確実にとらえながら飛ぶことができます。現在、このしくみと同じような形をもち、弱い風でも効率よく回る風車が開発されています。

風が弱くても自由に飛べる羽

 でこぼこが空気のうずをつくり出す

トンボの羽のあつさは500分の1ミリメートルしかなく、軽いので、すばやく動かすことができます。また、横から見ると、表面が平らではなくでこぼこになっているのも、風が強くても弱くても安定して飛ぶためのひみつです。

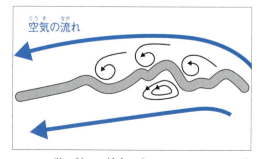

トンボの羽に前から空気が当たると、でこぼこの部分に小さなうずができる。このうずが風をなめらかに後ろに運ぶため、空気がスムーズに流れる。

トンボの羽の断面の模型を使った実験で、うずができるようすをとらえた写真。

テクノロジー①
弱い風でも羽を回して発電

マイクロ・エコ風車

トンボの羽の空気をスムーズに流すしくみをまねた風車は、弱い風でも効率よく回る。この風車を使えば、現在のものよりも効率よく電気を生み出せる風力発電機をつくることができると期待されている。

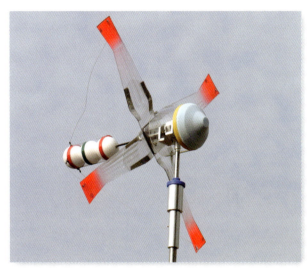

トンボと同じでこぼこの羽をもつ風車。素材はペットボトルのようなうすいプラスチックで、つくるための費用もおさえることができる。

テクノロジー②
不安定な風でも安定して飛べる

トンボ型ロボット

トンボの羽のしくみをとり入れた、空を飛ぶロボットで、風が不安定な場所でも上手に飛ぶことができる。性能が向上してホバリングや急な方向転換などが自由にできるようになれば、災害救助などに役立てられる。

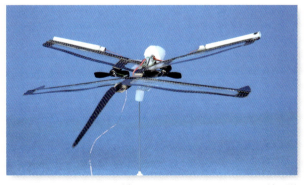

はば25センチメートル、重さは20グラムほどでトンボと同じ形の、4枚のつばさをもつ。

自然の力を発見しよう　生き物の飛ぶ能力はすごい

トンボ以外にも、自然界にはすぐれた飛ぶ能力をもつ生き物がたくさんいます。すぐれたホバリング能力をもつハチやハエも、その代表といえるでしょう。

アメリカでは、ハエをモデルに、ホバリングができる重さわずか0.08グラムの小型ロボットが開発されています。将来は、ドローン（無人機の一種）よりもさらにせまい場所に入ってさまざまな活動をおこなうことができると期待されています。

空を飛ぶ生き物がどんな飛び方をしているか観察してみると、いろいろな発見があるでしょう。

環境に生かす よごれをよせつけない！

自然の中には、体によごれがつかない生き物がいます。こうした生き物の体のしくみを研究して、水や洗剤を使わずによごれを落とすテクノロジーが生まれました。

水のまくでよごれからガード

カタツムリは、陸にすむ巻貝のなかまです。体が乾燥しないよう、しめった土の上などの環境を好みます。しめった環境では、どろやよごれなどが体につきやすくなります。ところが、カタツムリのからにはよごれがついていません。それは、からがよごれないしくみがあるからです。

からの表面には小さなみぞがたくさんあり、しめっている場所では、このみぞの間に水が入りこんでまくをつくります。そのため、よごれは雨などできれいに洗い流されるのです。

カタツムリのからのしくみを研究して、よごれがつきにくい素材が開発されました。家の壁に使うタイルやトイレ、台所のシンクなどに、この素材が使われているものがあります。こうした製品を使うことで、洗剤や水を節約することができ、環境を守ることにもつながります。

よごれがつかないから

 みぞの水がよごれをうかせる

カタツムリのからの表面を顕微鏡などで拡大すると、数ミリメートルから1万分の1ミリメートルほどのはばの、みぞがたくさんついているのがわかります。しめった場所では、このみぞの間にうすい水のまくがつくられ、よごれがついても、水の上にういた状態になります。

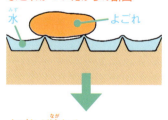

よごれがついたからの断面
水 / よごれ

よごれは水のまくの上にういて玉のように丸まる。

よごれが流れる

この状態で雨などがあたると、水といっしょによごれは洗い流されてしまう。

テクノロジー① 壁によごれをつきにくくする

水をすいつけるタイル

水となじみやすい素材を用い、さらに、表面に空気中の水分を吸着する物質が焼きつけられたタイル。家などのかべに使うと、空気中の水分をすいつけて、表面に水のまくをつくるため、よごれがういた状態になる。こうすることで、自動車の排気ガスによるよごれなども、つきにくくなる。

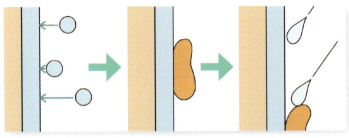

壁そのものが、空気中の水分をすいつける。

よごれは、水のまくにういた状態になる。

雨がふると、よごれは自然に洗い流される。

よごれがつきにくいだけでなく、ほこりなどがくっつくのをふせぐこともできる。

テクノロジー② 水回りによごれをつきにくくする

よごれにくいシンク・トイレ

よごれをつきにくくする技術は、家の中でも利用されている。たとえば、水になじみやすいように加工して、よごれがうくようにした台所のシンクや、表面を水あかと結びつきにくい物質でおおった便器などが考えられている。便器によごれがつきにくくなれば、トイレ掃除に使う水の量も減らせる。

このような技術を利用すれば、将来は油よごれがすぐに落ちる食器もできるかもしれないね。

❓ ごはんつぶがつきにくいしゃもじ

身近な道具のなかにも、よごれがつきにくい工夫をしているものがあります。代表的なものが、ごはんをよそうしゃもじです。表面に小さなでこぼこがあるしゃもじは、ごはんとふれ合う面積が小さくなるため、ごはんつぶがくっつきにくくなります。

25

環境に生かす 色がないのに美しくかがやく！

ものに色をつけるときには、塗料をぬったり、原料に色のもとをまぜたりします。ところが、生き物のなかには、光の性質を利用して、色をもたないのに色があるように見せるものがいます。

青くないのに青くかがやく

　南アメリカ大陸にすむ大型のチョウのなかで、種類によってはオスがとても美しい青色にかがやくことで知られる、モルフォチョウというチョウがいます。ただし、羽に青い色がついているわけではありません。羽の表面についているりん粉という粉が、青い光を強めながら反射させることで、青くかがやいているのです。

　このように、もののつくりと光の性質によって生まれる色を「構造色」といいます。CDやシャボン玉などがにじ色にかがやいて見えるのも、同じしくみです。

　構造色は、色があせることがありません。また、ペンキやインクを使わずに、ものに色をつけることができ、環境を守ることにもつながります。構造色を利用してきれいな色を出す布などもつくられています。

色をつけなくてもかがやく羽

細かいみぞがつくる色

　モルフォチョウの羽のりん粉には、表面にひだがある細かいみぞがたくさんついています。このみぞに光が入ると、青い光だけが外に出てくるため、私たちの目には羽が青く見えます。

羽の表面には、りん粉が規則正しくならんでいる。

りん粉

りん粉の断面

みぞ　青い光　ひだ

みぞに入った光は、ひだの表面と裏面で反射し、青以外の光は打ち消され、青い光だけが外に出てくる。

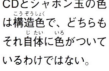

CDとシャボン玉の色は構造色で、どちらもそれ自体に色がついているわけではない。

テクノロジー① 素材で色をつくる

構造色を生み出す糸

構造色のしくみをもつ糸なら、色あせることのない服をつくることができる。そこから、特定の色の光だけを反射させる糸が考え出され、その糸を使った服がつくられた。

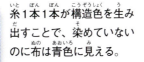

糸1本1本が構造色を生み出すことで、染めていないのに布は青色に見える。

糸の断面

光／反射する光／ナイロン／ポリエステル

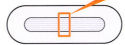

1本の糸の中に、ナイロンとポリエステルという2種類の素材がたがいちがいに60層以上重ねられていて、モルフォチョウのりん粉と同じように、特定の色の光を反射する。

テクノロジー② 見方によって色が変わる

色が変わる塗料

ひとつひとつが5つの層をもつつぶ状の塗料で、光が複雑に反射するため、これをぬると、見る角度によって色がちがって見える。自動車の車体の塗料などとしても利用されている。

色が変わる塗料を使用したパソコン。左の写真では青く見えるが、右の写真のように角度を変えるとちがう色に見える。

未来のテクノロジー

構造色の研究がもっと進めば、たとえば、どんなに長期間使っても色あせないカーテンや、電気を使わなくても光りかがやく看板などができるかもしれない。

自然の力を発見しよう まだある！ 自然の中の構造色

構造色をもつ生き物は、モルフォチョウだけではありません。たとえば、タマムシやカナブンなどの昆虫、カワセミやクジャクといった鳥の羽や、ネオンテトラという魚の体のにじ色のかがやきも、構造色によるものです。自然の中に、ふしぎな色にかがやく生き物がほかにいないか、さがしてみましょう。

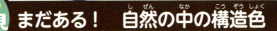

タマムシの体は、透明なまくが重なったつくりになっていて、構造色が生まれる。

化石燃料にたよらずエネルギーを得る！

環境に生かす

石油は、私たちのくらしに欠かせないものですが、人工的につくることができません。ところが、藻類のなかまの中には、石油に似た油をつくり出すことができるものがいます。

石油のような油をつくる植物

池などの水がよごれると、緑色になることがあります。これは、水の中にすむ藻類が増えるためです。藻類のなかまには、自分で石油のような油をつくり、体にたくわえるものがいます。

今、私たちが機械を動かしたり自動車を走らせたりするのに使っているのは、地下からほり出した石油などの化石燃料です。これらは約2億～3億年かけてできたもので、いずれなくなります。

いっぽう、生き物がもつエネルギーをもとにした燃料を「バイオ燃料」といいます。最近ではトウモロコシなどの植物を分解して燃料をつくる技術も実用化されていますが、本来は家畜のえさや食料である植物を使うには限界があります。そのため、もしかしたらこれからは、藻類がつくる油が燃料として重要になるかもしれません。

油をつくる藻類

光合成で油をつくる

油をつくる藻類であるボトリオコッカスは、光合成によって、二酸化炭素と水から炭化水素という物質をつくります。この炭化水素が、石油のおもな成分となります。油をつくる理由はよくわかっていませんが、油をたくわえると水面にうかび上がり、光合成を効率よくおこなえるからではないかと考えられています。

ボトリオコッカス
川や池、海の近くの海水と淡水がまざり合った場所（汽水域）にすむ、100分の1～100分の2ミリメートルほどの大きさの藻類。光合成によって油をつくる。

シュードコリシスチス
1000分の5ミリメートルほどの大きさで、川や湖にすむ。ボトリオコッカスと同じで、光合成によって油をつくる。

オーランチオキトリウム
海水や汽水域などにすむ、1000分の5〜1000分の15ミリメートルほどの藻類。光合成はしないが、水中にとけた有機物を材料にして油をつくる。

テクノロジー①
藻類から燃料をつくる

藻類を増やす方法

実際に藻類を化石燃料にかわる燃料として使うとしたら、藻類がつくる油が大量に必要になる。そのため現在は、どうやって藻類を増やして効率よく油をつくらせるかの研究が進められている。

熊本県にある、シュードコリシスチスという藻類を培養する（育てて増やす）ための施設。プールの中でシュードコリシスチスが育てられている。

未来のテクノロジー

藻類で一石二鳥

オーランチオキトリウムは、工場や家庭からの排水にふくまれる成分を使って増やすことができる。そこで、下水にオーランチオキトリウムを入れて油をつくらせ、きれいになった水に今度はボトリオコッカスを入れて油をつくらせる、というしくみも考えられている。将来は、下水の処理をしながら燃料がつくれるようになるかもしれない。

油をつくる藻類は、身近な池などにもいることがある。

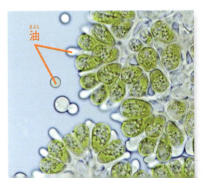

ボトリオコッカスの細胞の集まりに力をくわえてつぶすと、たくわえられていた油がしみ出てくる。

🔍 微生物の力でエネルギーをつくる

現在研究されているバイオ燃料のなかには、生ごみや動物のふんなどを材料とするものもあります。これらをつくるときには、微生物の力が欠かせません。材料を微生物の力で発酵させることで、メタンガスなどの燃料をとり出します。

29

植物の力で雑草・害虫退治！

環境に生かす

植物のなかには、ほかの植物の成長をおさえたり害虫を遠ざけたりする物質を出して、身を守るものがいます。その性質を利用し、農薬を使わない農法が研究されています。

ほかの植物の成長をじゃまする

ヒガンバナは、秋になると田畑のまわりで真っ赤な花をさかせる植物です。ヒガンバナはくきや根に毒をもっているため、モグラやネズミが穴をほって作物に被害をあたえるのをふせぐ目的で植えられているのです。

このように、植物が化学物質をつくって、ほかの植物や動物に影響をあたえるはたらきを「アレロパシー」といいます。アレロパシーは、ヒガンバナだけでなく、さまざまな植物に見られます。また植物のなかには、アレロパシーとはべつに、根をはったり土の栄養を横どりしたりすることで、雑草の繁殖をおさえるものもあります。

最近は、こうした植物のはたらきが、農作物につく病害虫を遠ざけたり、雑草が増えるのをふせいだりするために利用されています。

ほかの植物の成長をおさえる植物

農家が、水田をモグラやネズミから守るために、水田のあぜ道にヒガンバナを植えて管理している。

ほかの植物を寄せつけない

ソバは、雑草に毒となる物質をもっているのにくわえ、成長が早く栄養の吸収力が雑草よりもすぐれています。さらに、葉を広げて日かげをつくるため、雑草の成長をおさえる効果があります。

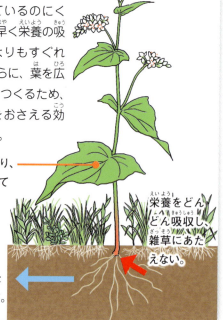

日かげをつくり、雑草に光を当てさせない。

栄養をどんどん吸収し、雑草にあたえない。

雑草に毒となる物質を出す。

テクノロジー①
農薬を使わず雑草をふせぐ

ヘアリーベッチ

ヘアリーベッチというマメ科の牧草は、アレロパシーによって雑草をおさえるはたらきが強く、果樹園や休ませている水田や畑などで、雑草をふせぐのに役立てられている。また、土にすきこむと作物の肥料にもなる。

果樹園の下草として栽培されるヘアリーベッチ。

未来のテクノロジー

植物で農薬をつくる

アレロパシーについては、どんな物質が、どんな植物や病害虫に対して効果があるのかなど、わかっていないことも多い。しかし今後、研究が進めば、特定の病害虫に効果があって、作物やそれを食べる私たちにとってはまったく害のない、植物をもとにした、安全な農薬をつくることができるようになるかもしれない。

ムギ類

ムギ類は、雑草のほか、昆虫を遠ざけたり、病気を引き起こす細菌などに対して強いアレロパシーをもっている。その効果はかれたあとも続く。

ムギ類のエンバクには、ダイコンにつく病害虫であるキスジノミハムシを遠ざけるはたらきがある。そのため、ダイコンを植える前の畑に植えられることがある。

自然の力を発見しよう　相性のいい作物をいっしょに植える

アレロパシーを利用した栽培方法は、ほかにもさまざまな作物でおこなわれています。たとえば、ミントと、キャベツなどのアブラナ科の植物をいっしょに植えると、ミントがアブラナ科の植物につく害虫を遠ざけてくれます。また、ネギにはカボチャやキュウリなどの害虫を遠ざけるはたらきがあります。近くの畑などで、どんな作物のそばにどんな植物が植えられているか、観察してみましょう。

マリーゴールドは、病害虫であるセンチュウ類を遠ざけるはたらきがあり、家庭菜園などでも利用されている。

環境に生かす

植物で土や空気をきれいにする！

植物は土や空気から、生きるために必要な材料をとり入れ、同時に人間にとって有害な物質もとりこみます。このはたらきを利用すれば、よごれた空気や土をきれいにすることができます。

植物のすいとる力を利用

　植物は、太陽の光と空気中の二酸化炭素、根からすい上げた水を使って、成長に必要な栄養分をつくっています。このしくみを光合成とよび、このときに、汚染物質などもいっしょにすいとり、体の中にたくわえる植物もあります。この植物の力を利用して、土や空気の汚染物質をとりのぞくことを「ファイトレメディエーション」といいます。

　ファイトレメディエーションを利用すれば、人間の活動で汚染された土や空気を、効率よくきれいにすることができるかもしれません。実際に汚染された場所に植物を植えて、汚染物質をとりのぞくとりくみも、一部でおこなわれています。

物質をすいとる力

植物は、葉にある気孔という穴から気体を、根から水分や栄養分をとり入れる。このとき、さまざまな汚染物質もいっしょにとりこんで、たくわえる。

気体（汚染物質も）をとり入れる。

気孔

体の中にたくわえる。

水分と栄養分（汚染物質も）をすい上げる。

テクノロジー① 空気をきれいにする

町中や家の中の植物

植物がよごれた空気をきれいにするはたらきを利用して、都市では道路ぞいや工場の周囲などに植物が植えられている。また、室内に置いた観葉植物も、同じ役割を果たす。

観葉植物のドラセナ・マッサンゲアナは、室内で発生する有害な化学物質を吸収する効果が高い。

道路ぞいに植えられた街路樹は、工場や自動車などから出る窒素酸化物や硫黄酸化物といった汚染物質をとりこみ、まわりの空気をきれいにする。

テクノロジー② 土をきれいにする

セイヨウカラシナ

アブラナ科の植物であるセイヨウカラシナは、土の中にふくまれる金属などをすいとり、たくわえる能力が高い。ただし、植物が汚染物質をすいとるには時間がかかるうえ、すいとったあとの植物をどのように処理するかなどの課題もある。

川岸のセイヨウカラシナは、川の水をきれいにするのに役立つ。

●植物で土をきれいにするしくみ●

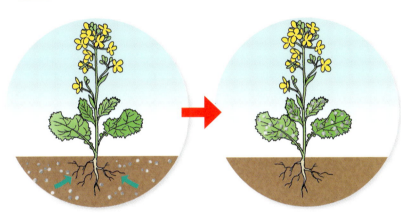

①植物を植え、時間をかけて汚染物質をすいとらせる。

②汚染物質をすいとったら、植物をかりとる。かりとった植物は、焼却するなどして処分する。

植物のタバコも、土の中の有害な金属をすいとるはたらきをもつ。成長が早いため、吸収できる量も多い。

テクノロジー③ 土から塩分をとりのぞく

アイスプラント

乾燥地帯で農業をおこなう場合、畑に大量に水をまくと、強い日差しによって水分が蒸発し、水にふくまれる塩分が地表にたまる。植物は塩分濃度の高い水をすい上げることができないので、農作物の育たない土地となる。そこで、塩分をふくむ水をすい上げることができるアイスプラントという植物を利用して土の塩分をとりのぞき、農地として復活させることが考えられている。

佐賀県の有明干拓地では、アイスプラントで土の塩分をとりのぞく実験がおこなわれている。

アイスプラントの葉の表面には、水滴のようなブラッダー細胞という細胞がたくさんついている。根からすい上げた水にふくまれる塩分はこの中に閉じこめる。

環境に生かす 流さなくてもよいトイレ！

自然界は生き物の死がいやふん、落ち葉などであふれてしまうことはありません。そこには、微生物の力が深く関係しています。この力は、私たち人間のし尿を処理するのにも役立ちます。

微生物の力でし尿を分解

自然の土や水の中には、さまざまな微生物がすんでいます。たとえば森の中では、動物の死がいやふんなどは、ミミズやダンゴムシなどによって食べられたあと、微生物によって分解されます。森や川、湖、海の中などがふんや死がいでおおいつくされることがないのは、微生物によって分解されているからです。

このような微生物のはたらきは、私たち人間のし尿を分解して処理するトイレにも利用することができます。このようなトイレを「バイオトイレ（コンポストトイレ）」といいます。バイオトイレは水を必要としないうえ、排水も出ません。また、分解したあとに残ったものは、肥料として使うことができます。

微生物の分解能力はほかにも、汚染された土壌や地下水をきれいにすることにも利用できると期待されています。

死がいやふんを分解する微生物

有機物を無機物に

土の中の微生物は、落ち葉や動物の死がいなどの有機物を分解して、植物が利用できる無機物にします。また、土壌動物のミミズは、落ち葉などの有機物を土ごと食べて、ふんをしますが、土がミミズの腸をとおるときに、いろいろな酵素や微生物がはたらいて、植物にとって栄養ゆたかな土になります。ミミズは、栄養ゆたかなふんをして土の中を動き回って、肥料をやりながら土を耕しているのです。

土壌動物が落ち葉や動物の死がいなどの有機物を食べ、栄養ゆたかなふんをする。

土の中にすむ微生物も、落ち葉や動物の死がいなどの有機物を二酸化炭素、チッソやリンといった無機物へと分解する。

分解されてできた物質を植物がとり入れ、栄養分として利用する。

テクノロジー① し尿を分解する

バイオトイレ

バイオトイレには、微生物がすんでいる「バイオチップ」が使われる。し尿は、バイオチップとよくまぜられて水分をすいとられる。水分がなくなったし尿は、微生物によって分解され、二酸化炭素や水になる。最後に残ったかすは、バイオチップに吸着される。

バイオチップは、スギを細かくくだいたもの。微生物のすみかとなる細かいあながたくさんあいている。

● バイオトイレのしくみ ●

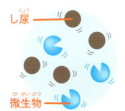

①水分をのぞくため、し尿をバイオチップとよくまぜる。

②し尿が、微生物によって分解される。

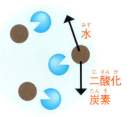

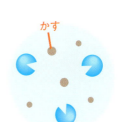

③最後に残ったかすとバイオチップは、肥料となる。

テクノロジー② 水をきれいにする

下水処理場

下水処理場では、反応槽とよばれる施設で、し尿などをふくむ下水に約50種類の微生物が入った泥が加えられる。すると、微生物によってよごれが分解される。そのあと、さらにいくつかの工程をへて消毒されて川に流される。

下水処理場の反応槽。微生物のはたらきを活発にするために、空気を送りこんでかきまぜる。

自然の力を発見しよう 身近なところではたらく微生物

微生物は種類が非常に多く、たとえば、原生動物とよばれるグループだけでも6万5000種類以上が知られています。ただ、まだ見つかっていない微生物も無数にいると考えられ、1グラムの土の中には数百万種類の微生物がいるといわれています。研究が進めば、私たち人間にとって役に立つ能力をもった微生物がもっとたくさん見つかると考えられています。

微生物は、発酵というはたらきで食品をおいしくしたり、植物を分解してエネルギーをつくり出したりと、さまざまなものに役立てられています。ほかにも、微生物が活躍しているものがないか、さがしてみましょう。

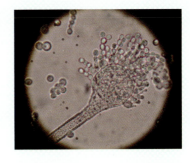

しょうゆやみそをつくるのに欠かせない微生物「コウジカビ」。

自然の力でくっつける！

くらしに生かす

ふつう、壁にものをはりつけるには、吸盤を使ったり、接着剤などでくっつけたりします。ところが自然の中には、べつのしくみで「くっつく力」をもつものがいます。

どんな場所にも強力にくっつく

ヤモリは、垂直な壁や、ガラスのような表面がツルツルの場所にも、すべったり落ちたりすることなく、くっつきます。さらに、さかさまになって天井を歩くこともあります。

このしくみを利用して生み出されたのが、接着剤のいらない「ヤモリテープ」です。接着剤を使わないので、はる場所がよごれることはありませんし、吸盤のように、壁がでこぼこだからくっつかないということもありません。しかも、くっつける力はとても強力ですが、はがすのはかんたんです。

現在では、このしくみを利用して、垂直なかべをよじ登れる手袋の研究もおこなわれています。将来は、災害のときの人命救助や、ビルなどの建設に欠かせない道具になるかもしれません。

どんな場所にもくっつくあし

引き合う力を生み出す毛

ヤモリのあしの裏を顕微鏡で見ると、細かい毛がびっしりと生えていることがわかります。その数は、あし1本につき50万本、4本のあしで200万本です。しかも、1本1本の毛の先がさらに数百本に枝分かれしています。

ヤモリのくっつく力は、この毛によって生み出されています。物質を形づくる分子どうしが、100万分の1ミリメートルほどの距離まで近づくと、おたがいに引き合う力が生じます。ヤモリのあしの細かい毛は、壁の表面に極限まで近づくことで、この引き合う力を生み出します。

1本の毛と壁との間に生まれる引き合う力は、ごく弱いものですが、毛の先端は、あし4本で数億本あるため、壁にくっつくほどの力が生まれます。

ヤモリのあしの裏を顕微鏡で拡大したところ。枝分かれした無数の細かい毛が生えている。

壁

毛の先がとても細かく枝分かれしているため、壁の表面に対して100万分の1ミリメートル単位の距離まで近づくことができ、引き合う力を生み出す。

テクノロジー❶
接着剤を使わない

ヤモリテープ

ヤモリのあしの裏のつくりをヒントにつくられた、強い接着力をもつテープ。接着面には、カーボンナノチューブとよばれる素材でつくられた、目には見えないほど細かい毛が植えられている。

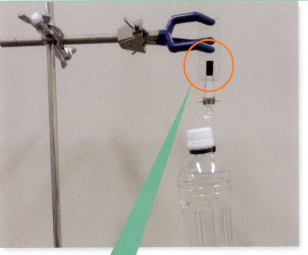

わずか1平方センチメートルのヤモリテープで、500ミリリットルのペットボトル1本をつり下げることができる。

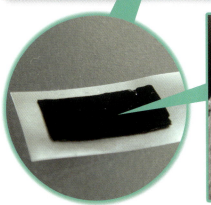

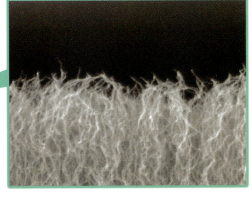

ヤモリのあしの裏と同じように、表面に細かい毛が植えてあり、引き合う力を生み出す。

あしのうらには、ひだのようなつくりがある。

未来のテクノロジー

ヤモリのあしのしくみは、接着剤を使うのとはちがい、一度くっつけたものをはがし、すぐに次の場所にくっつけることもかんたん。このようにくっつけてははがし、またくっつけてをくりかえすことで、垂直な壁もよじ登れる手袋が研究されている。

自然の力を発見しよう　いろいろなくっつける力

くっつく力は、いろいろな生き物にとって重要な能力です。たとえば、ジャイアントケルプとよばれる海藻のなかまは、海底の岩などにくっついて生きていて、海流の流れが速いときでも、はがれないようにしなければなりません。そのため岩にくっつく部分には、吸盤のようなしくみにくわえて、細く枝分かれしたたくさんの「仮根」があります。この仮根はやわらかく、海流が速いときには、ねじれることで岩からはがれるのをふせぎます。ほかにも、自然の中でくっつくものを見つけたら、そこにどんなしくみがあるのか、調べてみるといいでしょう。

ラッコは、ジャイアントケルプを体に巻きつけて眠る習性がある。これは、波や風で体を流されないようにするため。

でこぼこで水をはじく！

ハスの葉についた水滴は、丸い玉のようにまとまってころころと転がり、葉をぬらすことがありません。このふしぎな現象から、新しいテクノロジーが生み出されました。

表面のでこぼこで水をはじく

みなさんは、水面にうかぶハスの葉の上に、ころころと水滴がころがっているのを見たことはないでしょうか。これは、ハスの葉が水をはじくために起こる現象です。

ハスの葉は、水をはじいて、ぬれるのをふせぎます。しかも、はじいた水によごれをとりこませて、とりのぞくしくみももっています。つまり、葉っぱがひとりでにきれいになるのです。

水をはじくはたらきのひみつは、葉に目に見えない小さな出っぱりがあるために、表面がでこぼこになっているところにあります。

このしくみをとり入れて、水やよごれをはじく布が開発され、かさやくつとして実用化もされています。また、同じしくみを利用することで、表面に雪がつきにくい信号機をつくる研究が進められています。

水をはじくハスの葉

無数の出っぱりで水滴が丸くなる

ハスの葉の表面には、とても小さな出っぱりが無数にあります。すると、水と葉がふれ合う面積が小さくなるのに加え、出っぱりと出っぱりの間にある空気が、水を支えるはたらきをします。さらに葉の表面は撥水性（水をはじく性質）をもつろうのような物質でおおわれています。これらのしくみのおかげで、葉はぬれません。このとき、水には表面張力（水などの液体が引っぱり合って小さくまとまろうとする力）がはたらくため、水は玉のように丸くなります。

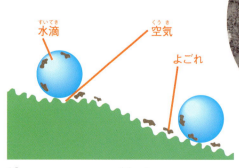

水がよごれをとりこんで流れ落ちていくので、葉の表面はきれいにたもたれる。

ハスの葉の表面を顕微鏡で見たところ。出っぱりの大きさは100分の1ミリメートルほど。

テクノロジー① 雨にぬれない

水をはじくかさ

水をはじく布は、太い糸と細い糸を使うことで、表面にハスの葉と同じように小さなでこぼこをたくさんつくり出している。このでこぼこによって水がはじかれるため、布はほとんどぬれない。

はじかれた水は、ハスの葉の上の水と同じように、水滴になって流れ落ちる。

テクノロジー② 中身がつかない

ヨーグルトのふた

ヨーグルトの容器のふたにも、水をはじくハスの葉のしくみが利用されている。ふたのうら側面に、とても小さいでこぼこがたくさんつけられていて、これがヨーグルトをはじくことで、ヨーグルトがふたにつきにくい。

TOYAL LOTUS®

左がこれまでのふたで、右が撥水性機能をもつふた。ヨーグルトのつき方に大きなちがいがある。

自然の力を発見しよう いろいろな植物の葉

植物の葉は、育つ環境などに合わせて、さまざまな特徴をもっています。たとえば、しめった場所を好むサトイモの葉は、ハスと同じようなしくみで水やよごれをはじきます。ツバキなどの葉は、乾燥から身を守るために表面にろうのような物質をもっていて、つやつやとした表面になっています。また、イネ科の植物の葉は、細い葉を立たせたり、虫などから身を守ったりするために、葉の中にガラスによく似た物質をたくわえています。身のまわりの植物の葉をよく観察してみると、いろいろな発見があるでしょう。

サトイモの葉　ツバキの葉　イネの葉

医療に生かす 針をさしてもいたくない！

カにさされても、私たちはいたみを感じません。これは、カの口のつくりにひみつがあります。このつくりをまねて、体にさしてもいたくない注射針が考え出されました。

さされてもいたくないカの口

カは、人間や動物の汗やはき出す息のにおいなどを手がかりに近づき、針のような口を皮ふにさして、血をすいます。針をさしたとき、相手に気づかれたら、安全に血をすうことができません。カの針は、さした相手がいたみを感じることがないようにできているのです。

カにさされてもいたくないなら、カの口と同じようなつくりにすれば、いたくない注射針ができるはずです。そこで、カの口を研究すると、とても細くできていて、先端がのこぎりの刃のようなするどい形になっていることがわかりました。これらの研究結果を応用して、体にさしてもほとんどいたくない注射針が開発・実用化されています。

いたみを感じさせない口

カは血をすうときに、血が固まらないようにする成分をふくむだ液を注入するんだって。この成分も、医療に役立つかもしれないと考えられているよ。

針が飛び出すするどい口

カの口は、太さが0.1ミリメートル以下と、とても細くできています。そのため、人間の皮ふの中にある、いたみを感じる部分である「痛点」にふれにくいのです。また、皮ふを切りさく小あごという器官には、ギザギザがついています。このギザギザは、皮ふの内側と針がふれ合う面積を小さくすることで、いたみをやわらげるのに役立ちます。

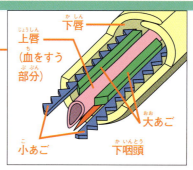

カの口は、上唇、大あご、小あご、下咽頭と、それらをつつむ下唇という、5種類の部分からなる複雑なつくりをもつ。

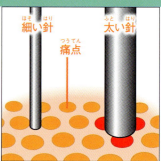

細い針ならば、皮ふの痛点にふれないようにさすことができる。

テクノロジー① いたみを感じにくくする

限界まで細くした注射針

糖尿病などの患者は、毎日のように注射をして、薬を体に入れなければならない。そのような患者のために、細くすることで、注射のときのいたみをやわらげる注射針が実用化されている。

先に近い部分ほど細くなるつくりになっており、ふつうの注射針の太さが1.2～0.4ミリメートルであるのに対して、先端の太さはわずか0.18ミリメートルしかない。

先端がギザギザの採血針

ふつうの注射針は、体の細胞をきずつけてしまうが、カの口をまねて、細くしてギザギザをつけた針は、いたみを感じにくい。この針は、病気の検査などでひんぱんに血をとらなければならない人が使う、採血器などに使われている。

ギザギザのついた、針の先端部分。

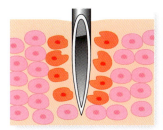

ギザギザのない針は、細胞を切りつけるように体に入る。

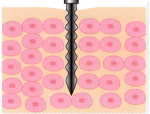

ギザギザのある針は、細胞をかき分けて体に入る。

自然の力を発見しよう　いろいろな昆虫の針の形

動物や人間をさす昆虫は、カだけではありません。ハエに似たアブのなかまは、するどい口で皮ふを切りさき、出てきた血をなめます。カのように細い口をさしこむわけではないため、傷口はとてもいたみます。また、ハチのなかまは、はらの先にある毒針で、敵を攻撃します。針の先は、カの口と同じようにギザギザになっていますが、カの口よりも太くなっています。この太いギザギザの針で皮ふを切りさき、毒を注入するため、さされるととてもいたみます。相手を傷つけることが目的なので、いたみを感じないようにする必要はありません。同じさすための針でも、目的によってその形はちがうのです。

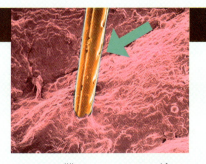

ミツバチの針には、ギザギザの返しがあり、一度さすとぬけないようになっている。

乗り物に生かす

鳥に学んで騒音をふせぐ！

カワセミやフクロウは、小さなエネルギーで速く、静かに飛ぶための体のしくみをもっています。これらのしくみは、高速で走る新幹線にとり入れられました。

静かにはばたく羽

ギザギザがあるのは、初列風切とよばれる、つばさの先端にある10枚の羽。

ギザギザで空気のうずを小さく

鳥がはばたくと空気のうずができ、このうずが大きいほど大きな音がします。フクロウの羽は、一部分がギザギザになっていて、このギザギザがうずを小さくする役割を果たしています。

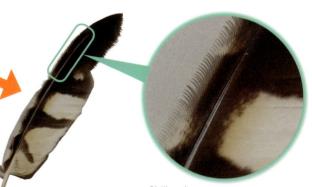

外側に向くほうに、ギザギザがついている。

テクノロジー① 騒音をおさえる

翼型パンタグラフ

横の部分にギザギザのもようが入っている。このギザギザによって空気の流れがなめらかになり、後ろに向かって流れやすくなるため、高速で走っても騒音を発生させにくくなる。現在はシングルアームとよばれる形に変更されている。

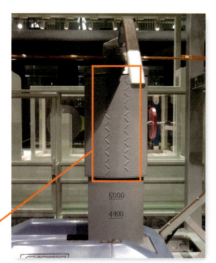

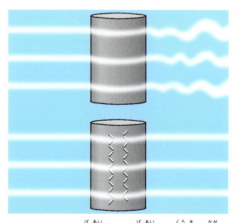

ギザギザがある場合とない場合で、空気の流れが大きく変わる。

羽とくちばしで新幹線の騒音をふせぐ

高速で走る新幹線は、そのスピードのために騒音を発生させてしまうことがあります。これを解決するために、鳥の体に学んだ技術がとり入れられました。

おもに夜に活動し、小さな動物をとらえて食べるフクロウは、鳥のなかでもっとも静かに飛ぶことができるといわれています。暗い中でじょうずに狩りをするには、えものに気づかれないように近づく必要があるため、フクロウの羽は、静かに飛べるしくみになっているのです。これと同じようなしくみが、新幹線のパンタグラフ（架線から電気をとり入れる部分）に採用されました。

カワセミは、川や池などの近くにすむ鳥で、空中から一直線に水に飛びこみ、魚をとらえます。飛びこむときの速さは時速100キロメートルにもなるといわれ、くちばしは水の中でも速さが落ちにくい形になっています。この形は、新幹線の先端部のデザインにとり入れられました。

抵抗を減らすくちばし

水の抵抗が小さい「流線形」

カワセミのくちばしや頭のするどい形は流線形とよばれ、水や空気の流れを後ろにスムーズに流すので、抵抗を受けにくくなります。これは魚の体の形も同じで、飛行機の胴体の形にも応用されています。

テクノロジー② 空気の抵抗をへらす

新幹線の先頭車両

高速で走る列車がトンネルに入ると、中の空気がおしちぢめられ、出口側で大きな音がする。しかし、カワセミのくちばしに似た流線形の先頭車両をもつ新幹線は、高速でトンネルに入るときも空気の流れがスムーズになり、音を発生させにくい。

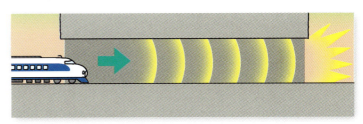

先端部が流線形でないと、トンネルに入ったとき、トンネル内の空気が急激におしちぢめられてしまう。

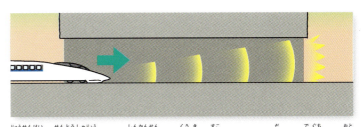

流線形の先頭車両をもつ新幹線は、空気を少しずつおし出し、出口での音の発生をおさえる。

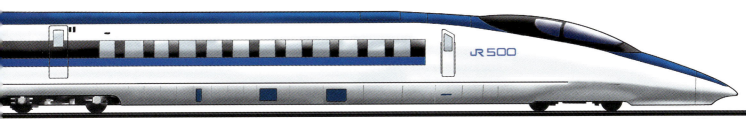

ネイチャー・テクノロジーがつくる未来

自然に学ぶテクノロジーについては、今も世界中で研究が続けられています。どんなテクノロジーが生まれたら、自分たちのくらしが快適になるか、想像してみるのも楽しいでしょう。

私たちのくらしはどう変わる？

これまでも、私たちは自然に学び、多くのテクノロジーを生み出すことで、さまざまな問題を解決したり、くらしをより便利にしたりしてきました。そしてこれからも、新しいネイチャー・テクノロジーがどんどん生まれて、私たちのくらしもさらに変化していくことでしょう。

ネイチャー・テクノロジーは、私たちの未来を明るくしてくれる技術です。これからも自然のおどろくべき形やしくみに学び、実用化につなげていくためにも、私たちは自然に親しみ、自然を大切にし、その多様性を守る努力を続けていく必要があります。

もしかしたら、こんな未来がくるかもしれないね。

電気のいらない看板
モルフォチョウなどがもつ、構造色のしくみ（→26ページ）を利用することで、電気を使わなくてもかがやく看板ができる。

電気のいらない照明
ホタルは電気を使わなくても、体の中にあるものでおしりを光らせることができる。このしくみを利用すれば、電気を使わず、熱がほとんど出ない、安全な照明器具がつくれる。

明るさの変化に対応するコンタクトレンズ
ペンギンの目は、明るさが300倍に変化しても、ものをしっかりと見ることができる。このしくみを利用すれば、明るさの変化によってものが見えにくくなる症状をもつ人のためのコンタクトレンズができる。

もろくならない骨

アメリカクロクマは長い間冬眠しても、骨がもろくならない。このしくみを研究すれば、長い期間宇宙旅行をしても骨がもろくならない方法がわかる。

割れにくいセラミックス

アワビのからは、炭酸カルシウムという、骨と同じ材料でできた板が何層にも重なったつくりのおかげで、ふつうの炭酸カルシウムの約3000倍もの強さをもつ。このしくみを利用すれば、宇宙船などの材料に使われるセラミックスという物質をより強くできる。

自動的に傷をなおす飛行機

人間の体は、傷ついても、かさぶたができ、やがてひとりでになおってしまう。このしくみを利用すれば、人間の手で修理しなくても、自動的に傷をなおせる飛行機ができる。

空気から水を集める装置

アフリカの砂漠にすむキリアツメゴミムシダマシという昆虫は、背中の小さな凹凸で、霧を水滴として集めることができる。このしくみを利用すれば、砂漠で空気から水を集める装置ができる。

小さなすき間に入りこむ飛行機

トンボなどの、すぐれた飛行能力をもつ昆虫のはねのしくみ（→22ページ）を利用することで、現在のドローンよりもずっと小型で、小さなすき間にも入りこめる飛行機ができる。

においを感じとるロボット

動物がまわりのようすを知る方法のひとつににおいがある。このしくみを利用すれば、災害のとき、においをたよりに人命救助をおこなうロボットができる。

もっと自然の生き物から学ぶためのブックガイド

この本では、さまざまな生き物から、おどろきのテクノロジーを学びました。
ここでは、もっと知りたいという人のために、おすすめの本を紹介します。

『ヤモリの指から不思議なテープ』
監修：石田秀輝　文：松田素子、江口絵理　絵：西澤真樹子
発行：アリス館

壁や天井も落ちることなく歩きまわれるヤモリ、水がまるくなってころがり落ちるハスの葉など、自然の中では「あたりまえ」と思われているものの秘密を探っていくと、生き物のすごい技術が見えてきます。自然に学ぶ技術（ネイチャー・テクノロジー）から、これからの人類、そして地球にとって大切になる「未来の技術」のヒントをたくさん紹介しています。

『小さき生物たちの大いなる新技術』
著者：今泉忠明
発行：KKベストセラーズ

乗りもの、軍事、身のまわりの生活、建築、医療、エコという6つの分野での、動物由来のバイオミミクリー（生物模倣）の技術を紹介しています。きびしい生存競争を生き抜いてきたヤモリやカタツムリなど小さな生き物たちは、それぞれにすばらしい技術をもっています。それらの技術を人のために利用しようと、多くの人々が奮闘する様子も紹介されています。

『植物はすごい 七不思議篇』
著者：田中修
発行：中央公論新社

サクラ、アサガオ、ゴーヤ、トマト、トウモロコシ、イチゴ、チューリップという、身近な7種類の植物の「ふしぎ」がテーマの本です。これらの植物には、それぞれ、いくつもの「ふしぎ」があります。その一つひとつを解き明かすことで、生きるための工夫やしくみの奥深さを感じることができます。同じ著者の『植物はすごい 生き残りをかけたしくみと工夫』という本もあります。

『動物のふしぎ大発見』
監修：小宮輝之
発行：ナツメ社

地球上のさまざまな動物についての「ふしぎ」をとり上げ、楽しいイラストとカラフルな写真を使ってわかりやすく解説しています。動物の体やくらし方には、私たちの想像を超えたおどろきがいっぱいつまっています。この本で紹介された「ふしぎ」の中から、まったく新しいネイチャー・テクノロジーが生まれることがあるかもしれません。

さくいん

あ行

- アイスプラント ……………… 33
- アオカビ ……………………… 14
- アブ …………………………… 41
- アメリカクロクマ …………… 45
- アレロパシー ………………… 30
- アワビ ………………………… 45
- オーランチオキトリウム …… 29
- 屋上緑化 ……………………… 21

か行

- カ ……………………………… 40
- カーボンナノチューブ ……… 37
- カイコ …………………… 15, 17
- カタツムリ …………………… 24
- カナブン ……………………… 27
- カワセミ ………………… 27, 43
- 気孔 …………………………… 32
- キャベツ ……………………… 15
- キリアツメゴミムシダマシ … 45
- クジャク ……………………… 27
- クモ …………………………… 15
- 珪藻土 ………………………… 21
- 下水処理場 …………………… 35
- 光合成 ……………… 11, 12, 28
- 抗生物質 ……………………… 14
- 構造色 ………………………… 26
- 酵母菌 ………………………… 16
- コナガサムライコマユバチ … 15
- ゴボウ ………………………… 7
- コンポストトイレ …………… 34

さ行

- サトイモ ……………………… 39
- ジャイアントケルプ ………… 37
- シュードコリシスチス ……… 29
- シロアリ ……………………… 18
- シロアリ塚 ……………… 18, 20
- 新幹線 ………………………… 42
- 生態系 ………………………… 8
- セイヨウイチイ ……………… 14
- セイヨウカラシナ …………… 33
- 藻類 …………………………… 28
- ソバ …………………………… 30

た行

- ダーウィンフィンチ ………… 9
- 太陽光のエネルギー ……… 10, 12
- 他感作用 ……………………… 30
- タキソール …………………… 14
- 多孔質セラミックス ………… 21
- タバコ ………………………… 33
- タマムシ ……………………… 27
- 多様性 ………………………… 8
- ダンゴムシ …………………… 34
- チッソ ………………………… 34
- チャールズ・ダーウィン …… 9
- 注射針 ………………………… 40
- 土だんご ……………………… 20
- ツバキ ………………………… 39
- 抵抗 …………………………… 43
- デンキウナギ ………………… 10
- トンボ …………………… 22, 45

な行

- ナットウ菌 …………………… 16
- 二酸化炭素 ……… 10, 12, 28, 34
- 乳酸菌 ………………………… 16
- ネオンテトラ ………………… 27

は行

- バイオトイレ ………………… 34
- バイオ燃料 …………………… 28
- ハエ …………………………… 22
- ハス …………………………… 38
- ハチ ……………………… 6, 41
- ハチミツ ……………………… 16
- 発酵食品 ……………………… 16
- ハニカム構造 ………………… 6
- ハニカムパネル ……………… 6
- パンタグラフ ………………… 42
- ヒガンバナ …………………… 30
- 微生物 …………… 12, 14, 16, 34
- 表面張力 ……………………… 38
- ファイトレメディエーション … 32
- フクロウ ……………………… 42
- ブラッダー細胞 ……………… 33
- ヘアリーベッチ ……………… 31
- ペースメーカー ……………… 10
- ペニシリン …………………… 14
- ペンギン ……………………… 44
- ホタル ………………………… 44
- ボトリオコッカス …………… 28
- ホバリング …………………… 22

ま行

- 緑のカーテン ………………… 21
- ミミズ ………………………… 34
- ムギ類 ………………………… 31
- 面ファスナー ………………… 7
- モルフォチョウ ……………… 26

や・ら・わ行

- ヤモリテープ ………………… 36
- ゆらぎ ………………………… 11
- 流線形 ………………………… 43
- りん粉 ………………………… 26
- ワタ …………………………… 16

監修　石田秀輝（いしだ　ひでき）

合同会社地球村研究室代表、東北大学名誉教授。酔庵塾塾長、ネイチャー・テクノロジ研究会代表、ものつくり生命文明機構副理事長、アースウォッチ・ジャパン副理事長、アメリカセラミクス学会フェローほか。2004年、株式会社INAX(現LIXIL)取締役CTO(最高技術責任者)を経て、東北大学教授、2014年より現職。ものつくりとライフスタイルのパラダイムシフトに向けて、国内外で多くの発信を続けている。特に、2004年からは、自然のすごさを賢く活かすあたらしいものつくり『ネイチャー・テクノロジー』を提唱。2014年から奄美群島沖永良部島へ移住、『心豊かな暮らし方』の上位概念である『間抜けの研究』を開始した。また、環境戦略・政策を横断的に実践できる社会人の育成や、子供たちの環境教育にも積極的に取り組んでいる。著書に、『光り輝く未来が、沖永良部島にあった！』(ワニブックス)、『科学のお話 「超」能力をもつ生き物たち(全4巻)』(学研プラス)、『それはエコまちがい？』(プレスアート)、『自然界はテクノロジーの宝庫』(技術評論社)、『ヤモリの指から不思議なテープ』(アリス館)、『未来の働き方をデザインしよう』(日刊工業新聞社)、『自然にまなぶ！ ネイチャー・テクノロジー』(Gakken Mook)、『キミが大人になる頃に』(日刊工業新聞社)、『地球が教える奇跡の技術』(祥伝社)、『自然に学ぶ粋なテクノロジー』(Dojin選書)ほか多数。

装丁・デザイン
　株式会社 クラップス

イラスト
　岩本孝彦
　坂川由美香（AD・CHIAKI）
　ツダタバサ
　堀江篤史
　松本奈緒美

執筆協力
　山内ススム

校正協力
　株式会社 みね工房

編集制作
　株式会社 童夢

協力・写真提供
愛知県／大阪府茨木市／おきなわワールド／株式会社クラレ／株式会社杉養蜂園／株式会社デンソー／株式会社農研堂／株式会社福井洋傘／株式会社ミウラ折りラボ／株式会社森永乳業／株式会社ライトニックス／株式会社LIXIL／岐阜プラスチック工業株式会社／京都鉄道博物館／コトヒラ工業株式会社／佐賀大学農学部熱帯作物改良学研究室／札幌科学技術専門学校／信州大学繊維学部／ソニー株式会社／タキイ種苗株式会社／筑波大学藻類バイオマス・エネルギーシステム開発研究センター／帝人株式会社／テルモ株式会社／東急電鉄／奈良県立医科大学感染症センター　笠原敬／日東電工株式会社／日本ケイソウ土建材株式会社／日本文理大学マイクロ流体技術研究所／ねこのしっぽラボ／パナソニック株式会社／ぼうぼう工房／マイナビニュース／Meiji Seika ファルマ株式会社／名城大学農学部生物資源学科／雪印メグミルク株式会社／amanaimages／imai hatsutaro／Minden Pictures／Nature Production

---

自然に学ぶくらし①　自然の生き物から学ぶ

2017年 3月　第1刷発行　　2024年 7月　第5刷発行

監　　修／石田秀輝
発　行　者／佐藤洋司
発　行　所／株式会社 さ・え・ら書房
　　　　　〒162-0842　東京都新宿区市谷砂土原町 3-1
　　　　　Tel.03-3268-4261
　　　　　https://www.saela.co.jp/
印刷／株式会社 光陽メディア　　製本／東京美術紙工協業組合

©2017 Hideki Ishida　　　　ISBN978-4-378-02461-5　NDC519
Printed in Japan